赢在
成长力

孙 伟◎主编

黑龙江科学技术出版社
HEILONGJIANG SCIENCE AND TECHNOLOGY PRESS

图书在版编目（CIP）数据

赢在成长力 / 孙伟主编 . -- 哈尔滨 ： 黑龙江科学
技术出版社，2025. 3. -- ISBN 978-7-5719-2686-1

Ⅰ. B848.4-49

中国国家版本馆 CIP 数据核字第 20250P774L 号

赢在成长力
YING ZAI CHENGZHANGLI

孙　伟　主编

责任编辑	李　聪	
插　　画	上上设计	
排　　版	文贤阁	
出　　版	黑龙江科学技术出版社	
	地址：哈尔滨市南岗区公安街 70-2 号　邮编：150007	
	电话：(0451) 53642106　传真：(0451) 53642143	
	网址：www.lkcbs.cn	
发　　行	全国新华书店	
印　　刷	天津泰宇印务有限公司	
开　　本	710 mm×1000 mm 1/16	
印　　张	7.5	
字　　数	84 千字	
版　　次	2025 年 3 月第 1 版	
印　　次	2025 年 3 月第 1 次印刷	
书　　号	ISBN 978-7-5719-2686-1	
定　　价	49.80 元	

写给孩子们的话

亲爱的孩子，当你渐渐长大，你会发现，有的孩子会被欺负，有的孩子会欺负别人；有的孩子被排挤，有的孩子有很多朋友；有的孩子是学霸受老师喜欢，有的孩子学习不好让老师烦恼……虽然每个人都有优缺点，但不管怎样，你也希望成为受大家喜欢的人吧！

亲爱的孩子，当你进入小学阶段，这也是你独立成长的起步阶段，你将面临好多成长的问题和烦恼，你也希望自己能够独立解决，变成老师、父母和同学眼中的好学生、好孩子和好伙伴吧！

其实，每个孩子都是独特的个体，就像天上的星星本来都是闪闪发光的，为什么有的星星会有暗淡的时候呢？不要担心，这只是有些云雾把光芒遮挡了。在成长中，那些云雾就是你生活和学习中的烦恼。比如，努力了很久却没有进步，爸爸妈妈总是否定我；当众讲话就会怯场，被人欺负了不敢反抗；总是爱抱怨，被老师批评不想上学；不敢主动交朋友，家里来了客人很紧张；特别依赖父母，盲目跟从朋友；学习效率低，不会记笔记……

为了拨开这些"云雾"，我们精心编写了这本《赢在成长力》，多角度阐述成长主题，从如何克服挫折、自卑、社交恐惧、学习焦虑、情绪消极与无法独立等方面提升你们的成长技能。

在这本书里，我们用一个个通俗易懂的小故事展现了你们在日常生活中可能面临的一些问题。然后在分析问题的同时，提供了切实可行的解决方法，使你们能在轻松、有趣的氛围里学会社交，找到学习方法，懂得管理情绪，提升抗挫能力，摆脱胆怯自卑，学会独立……轻松掌握成长道路上的各种技能，帮助你们健康、智慧地成长。

　　让我们都能完善自己，成为一闪一闪的亮星星！

目录

第一章

挫折失落

成长路上的拦路虎

竞选失败被打击了，怎么办？

昨天我们班选班干部，我落选了。我自信满满地参加竞选，没想到是这个结果。看着当选的小雪、泽泽他们高兴的样子，还有同学们为他们开心的神情，我感觉遭到了很大的打击，现在也没缓过来，怎么办？

同学们，落选不代表我们被彻底否定了，我们不要产生对立的情绪。在排遣落选的失落心情后，我们可以通过分析落选的原因、寻找自己的不足、向获胜者学习等方式来让自己提高。把目光放长远些，未来我们还是有机会的。

内心的小想法

1 准备不足

我准备得不好，在竞选时未能充分展示自己，以赢得同学们的信任和支持。

2 能力不够

我的领导能力、组织能力、协调能力等确实不够，还需要改进。

3 责任心不强

平时我没有展示出强烈的责任心，同学们怕我到时候不肯积极为班级服务。

4 人缘不好

同学们不喜欢我，把票投给了他们喜欢的同学。

5 其他人更合适

我虽然具备当班干部的各项素养，但是其他人比我更合适。

为什么会竞选失败？

我知道该怎么做了
I KNOW

1 调整失落情绪

　　落选后，我们可以进行自我安慰和自我鼓励："其实我是很优秀的，只是他们没选我而已。"也可以用转移注意力的方式，如打篮球、唱歌等来让自己感到快乐；还可以向他人寻求安慰。

2 认清竞选的意义

　　成败并没有那么重要。参与竞选是为了培养我们的勇气，增强自信，锻炼能力，能积极参与已经很好了。我们也可以把这次失败转化为动力，争取下次好好表现。

3 寻找自己的不足，积极提高

　　我们可以认真反思；找出自己的不足，然后改正过来；也可以向获胜的同学学习，补足短板。

参加比赛没入围，不想练了，怎么办？

上周，我参加了学校的书法比赛。我从小喜欢书法，也上过书法培训班，自认为水平还不错。可最后我的作品没有入围，我很难过，是我没有天赋吗？以后我还要不要再练习书法了？我很迷茫，怎么办呢？

同学们，比赛落选是很正常的事，别太放在心上。既然喜欢，那就不要轻易放弃。我们可以多练习，多思考，也可多看看他人的作品，找到自己的不足之处，然后再认真打磨自己，相信以后我们会创作出优秀的作品的。

内心的小想法

1 审美不符

我的作品本身还不错，可能是风格不符合评委的审美吧。

为什么参加书法比赛没入围？

2 设计不好

我的作品可能在设计上有些欠缺，在字的大小疏密、墨的浓淡等方面没有做好。

3 有错别字

我是不是不小心写了错别字，有硬伤，直接被刷掉？

4 水平一般

我的水平是不是真的很一般，只是以前我没意识到而已？

5 高手太多

优秀的选手太多了，跟他们的作品相比，我的虽然也很好，但离入围还有差距。

我知道该怎么做了 I KNOW

1 转移注意力

我们可以试着暂时忘记比赛的事情，把心思放在其他事情上，比如学习、课外活动等，让自己再次忙碌起来。

2 总结经验，再接再厉

我们不妨观摩这次比赛的获奖作品，看看自己的作品与它们之间的差距和差异，总结经验，在下次比赛中再接再厉。

3 认清书法对自己的意义

我们应弄清楚，自己为什么练习书法。既然我们喜欢它，把它当成爱好，输赢就没有那么重要了。

4 接受失败，提高自己

我们可以从积极的角度看待这次失败，将它看作一块垫脚石，鼓励自己，完善自己的不足，继续努力，提高自己的水平。

努力了很久却没有进步，怎么办？

今天是周末，原本该去绘画班学习的，可是我在家磨磨蹭蹭，有点不想去。因为我学了很久，也很努力，可是还是没能考级成功。老师说，无论是素描还是构图、色彩我都还有很大的提升空间。感觉白努力了，不想学了，怎么办？

同学们，虽然努力不一定成功，但不努力更不可能成功。当我们努力却没达到预期的结果时，不要轻易放弃。我们可以查找失败的原因、给自己积极的暗示，或者调整目标，再多试一试，也许再坚持坚持就成功了呢！

内心的小想法

1 方向不对

我没找准努力的方向，也没分清重点和难点，付出再多也是在做无用功。

2 方法不对

虽然我平时很努力，但是方法不正确，也不爱思考，只是机械性地付出。

3 瓶颈期

我大概是遇到瓶颈期了，进步缓慢、停滞不前，需要付出更多努力才会有所突破。

4 没计划

我没有目标和科学的计划，比较盲目，没有针对性，对于薄弱点总是难以克服。

5 不专注

我只是看起来很努力，但实际上总是在"努力"的过程中三心二意，不专注。

为什么努力了很久没结果？

1 查找原因，朝正确方向努力

我们可以找找原因，如果是方法错了，那就努力纠正；如果是不熟练，那就多练习……朝着成功的方向努力。

2 调整目标

我们可以把目标调小一点，或分成很多小目标，这样每天进步一点点，容易有成就感，就能慢慢走向成功啦。

3 不断进行自我暗示和鼓励

一时没结果并不代表永远没结果。我们不要急着否定自己，而是要多给自己一些积极的暗示与鼓励，告诉自己能行。

4 尝试战胜自己

我们可以尝试做一件略有难度的事，挑战自己，这样我们会发现许多事情并没有想象中那样难，也就愿意继续努力了。

爸爸妈妈总否定我，怎么办？

今天早上，我跟爸爸妈妈说我想学滑冰。爸爸却说"你肯定学不会，还是算了吧"，还说"你可真不让人省心，多想想学习吧"。明明我成绩挺好的。唉，他们从来不夸奖我或鼓励我，总是这样否定我，我好受伤啊，怎么办？

同学们，生活中，总会有些家长不懂得欣赏自己的孩子，喜欢否定孩子。面对爸爸妈妈的否定，我们不要太难过，可以尝试与他们沟通，让他们改变否定我们的习惯；也可以在心里为自己辩解，给自己信心，相信自己是很棒的。

内心的小想法

为什么爸爸妈妈的否定让我很失落？

1 伤自尊心

爸爸妈妈这样否定我，不考虑我的感受，感觉好丢脸、好生气啊。

2 伤自信心

爸爸妈妈都不认可我，看来我真的是一无是处，没有任何优点。

3 怀疑是否被爱

我在爸爸妈妈眼里简直毫无亮点，我都不知道他们到底爱不爱我。

4 压力大

肯定是我没有达到他们的期待，他们才否定我。他们的要求好高啊，我压力好大。

5 比较敏感

我本来就喜欢胡思乱想、在意他人看法，爸爸妈妈的否定尤其让我总是多想。

我知道该怎么做了

I KNOW

1 主动和爸爸妈妈沟通

我们可以主动和爸爸妈妈沟通，了解他们的真实想法，找到问题所在，或让他们知道我们的苦恼，这样才能改变我们跟爸爸妈妈的相处模式。

2 正确看待爸爸妈妈的否定

如果他们的话有一定的合理性，那我们要虚心改正。如果他们只是一味地批评，那我们就应该相信自己。在他们否定我们时，我们可以在心里为自己辩解，告诉自己我们不像他们说的那么差劲。

3 突显自己的优点

我们可能难以改变爸爸妈妈的教育理念，但我们可以尽力做到最好，让爸爸妈妈看到我们的优点和付出的努力，或许他们就不会轻易否定我们了。

被家人冤枉了，怎么办？

今天，妈妈回到家，发现家里的电视遥控器坏了，于是把我批评了一顿，说肯定是我趁她不在家偷偷看电视，把它弄坏了。可是我今天一回到家就做作业去了，真的没碰它，为什么要说是我？好难过，怎么办？

同学们，小小的误会总是不可避免的。被家人冤枉了，我们不必太难过，可以静下心来，想想为什么会造成误会，怎样去解释。相信经过沟通之后，他们会明白是错怪我们了。

内心的小想法

1 不信任

他们总是不相信我会有乖巧的时候，一有坏事就觉得是我干的。

2 自以为是

他们太自以为是了，总认为很了解我，又觉得自己的孩子被冤枉了也没什么。

3 习惯

都怪我平时太调皮捣蛋，经常做错事，导致他们已经习惯把坏事跟我联系在一起了。

4 不了解

家人也是普通人，并不是无所不知无所不能的，不能完全清楚发生了什么事。

5 武断

他们太着急、武断了，既不花时间去了解真相，也不愿意听我解释。

为什么家人会冤枉我？

我知道该怎么做了
I KNOW

1 尝试理解

我们的家人并不是无所不知的，也会有犯错的时候。所以我们可以试着去理解不那么完美的家人，不要把他们拒之门外。

2 转移注意力，忘记不愉快的经历

被家人冤枉后我们会觉得生气、委屈等，此时我们可以试着把注意力转移到一些快乐的事情上，忘记这段不愉快的经历。

3 积极沟通，解释清楚

我们不要把自己关起来生闷气，而是要尝试着让自己冷静下来，然后和家人沟通，将事情解释清楚，消除误会。

4 书面表达，避免尴尬

我们有时候因为被冤枉了，所以情绪过于激动而无法讲清原委。这时候，我们可以把事情的来龙去脉写在纸上递给家人，消除误会。

第二章

胆怯自卑

内心深处的小黑屋

当众讲话会怯场, 怎么办?

课间，老师跟我说，我最近学习进步很大，想让我在下周的班会上好好分享一下学习经验，让其他同学借鉴一下。我一听就紧张起来了，感觉脑子很乱，好怕到时候什么都说不出来啊，怎样才能不怯场呢？

同学们，当众讲话是很多人都害怕的一件事，但它也是一个机会。它既可以锻炼口才，也可以让我们更好地展示自己。只要我们调整心态，好好准备，一定可以战胜胆怯的心理，在公众场合也能侃侃而谈。

内心的小想法

为什么当众讲话会怯场?

1 准备不足

我都没做好充分的准备,没想好具体说什么,有些心虚。

2 胆小

我有点胆小,人一多我就紧张,不敢在那么多人面前说话。

3 怕出错

我怕到时候自己的表现不够好,说话结结巴巴或者说错话。

4 意外情况

要是现场有意外情况发生怎么办?我不太会随机应变。

5 心理阴影

以前有一次我当众发言没说好,被嘲笑了好久,留下了心理阴影。

我知道该怎么做了
I KNOW

1 假装勇敢、积极暗示

我们可以假装自己很勇敢，全身心地投入讲话中；也可以正视胆怯，对自己说一些积极暗示的话，如"我一定会成功"等。

2 降低要求

我们不要过分苛求自己，而应适度降低要求。要允许自己表现不好，允许自己出错，允许自己表达失误。

3 做好充分准备，提前预演

充足的准备会让我们少犯错误，降低害怕程度。比如，我们可以提前了解听众的喜好、现场的情况等。我们还可以进行预演。

4 提前想象出错的场景

我们可以提前想象可能会出现的失误，以及失误后别人的反应。有了这样的心理准备之后，就会减少对出丑的恐惧。

不敢尝试新事物，怎么克服

为了丰富课余活动，学校开设了排球兴趣班。好多学生都报名参加了。排球对我而言是个新事物，我不敢去学，所以只在一旁看着。当看到同学们练得那么开心时，我也很想试一试，但就是迈不出第一步，怎么办？

同学们，在成长的过程中，我们会不断遇到新事物，开启新的冒险。这时，只要我们鼓足勇气，大胆尝试，即使失败了也没关系，至少我们知道自己到底合不合适。所以，勇敢迈出第一步吧！也许你会收获意想不到的惊喜哟！

内心的小想法

为什么不敢尝试新事物？

1 怕做不好

这个我不熟悉，肯定会出错的，而且试了也不见得能学会，就算学会了也不会做得像别人一样好。

2 缺同伴

没有朋友跟我一起去尝试，我会觉得自己很无助，要是遇到问题怎么办？

3 抵触

新事物未必是好事情，我心里没底，很容易慌张。

4 不想改变

尝试新事物需要思考、花时间甚至放弃其他一些事情，我才不想改变现在的生活呢。

我**知道**该怎么做了
I KNOW

1 培养挑战心理

在生活中，我们应多一些挑战心理，不怕出错，这样遇到新事物就不会有抵触情绪。

2 不必在意成败得失

我们要多给自己一点勇气，告诉自己：生活其实就是一种体验，成功是一种体验，失败也是一种体验，敢于体验就很好。

3 做好充分准备

当我们把可能出现的问题都想到了，所有的应对方法都想好了，对新事物有了一定的了解，就不会胆怯了。

4 找同伴一起

我们可以找一个好朋友，一起面对新事物。这样，遇到问题的时候，可以一起想办法，互相鼓劲，增添勇气。

不敢表露负面情绪，怎么办

为了得到同学们的认可，我一直隐藏自己的消极情绪，充当调节气氛的"选手"，是班里的开心果。可是我刚不小心把买文具的钱弄丢了，心里很难过。但我不敢表露出来，还要装出一副大大咧咧的样子。我不想一直这样，怎么办？

同学们，有喜有悲是很正常的，伪装并不能掩饰我们的自卑，给我们带来自信。何不接受真实的自己，活出自我呢？有了负面情绪，我们不必伪装，可接受它，然后找人倾诉、宣泄等，这样会让我们觉得轻松很多。

内心的小想法

1 要积极

我希望自己在别人眼中永远是积极向上、乐观开朗的，而不是多愁善感、忧郁的。

2 怕展现脆弱

我觉得自己脆弱的一面自己消化就好了，干吗要让其他人知道呢？

3 怕被小看

我要是暴露了自己的弱点，一定会被小看和嘲笑的。

4 要受欢迎

我要是展露了负面情绪，别人跟我在一起就会不开心，然后就渐渐不喜欢跟我做朋友了。

5 自欺欺人

我想要别人羡慕我是个快乐的孩子，所以哪怕自欺欺人，也不表露负面情绪。

为什么不敢表露负面情绪？

我知道该怎么做了
I KNOW

1 正确看待负面情绪

每个人都有喜怒哀乐，当我们因为某些事情不开心的时候，我们没必要为此感到不好意思，我们可以大方地表达出来。

2 接纳真实的自己

我们可以寻找自己的优点，战胜自卑感。相信哪怕我们有很多缺点和不足，也比虚假的自我可爱得多。

3 信任身边的人

我们要相信身边的人大多数都是友善的。当我们不开心时，他们会关心我们、帮助我们，而不是嘲笑我们、疏远我们。

4 从记录做起

如果觉得一下子难以改变，我们可以从记录做起，把不开心的事情写下来，这样一点点地练习表达自己情绪的能力。

总认为别人瞧不起自己，怎么办？

今天早上，在校门口，我遇到了同班同学王莉和李梅，正要和她们打招呼的时候，她们却没理我，而是一起转身朝学校走去了。后来当我问她们时，她们说她们只是没看到我。我不信，觉得她们就是瞧不起我，好难过啊，怎么办？

同学们，我们的大部分感受来自我们对自己的认知。当自己瞧不起自己时，会觉得别人都瞧不起自己。因此，我们应改变认知，摆脱自卑，这样我们会发现，我们之前以为自己受到的"瞧不起"，其实是一种错觉。

内心的小想法

1 轻视自己

我哪方面都不行，自己都瞧不起自己，别人应该也是瞧不起我的。

为什么总认为别人瞧不起自己？

2 敏感

我总是很敏感，别人对我稍微有点不热情我就多想，认为他们瞧不起我。

3 自尊心·强

我希望所有人都尊重我，经常会怀疑别人没那么尊重我，或内心其实瞧不起我。

4 区别眼光

我总是高看别人，低估自己，用区别的眼光看待他人和自己。

我知道该怎么做了
I KNOW

1 用积极的态度评价自己

我们只有先自己看得起自己，别人才会看得起我们。所以哪怕我们没有过人之处，也要不断肯定自己，用积极的态度评价自己，鼓励自己，摆脱自卑感。

2 展现优势、改变自我认知

我们可以挖掘自己的优点，发挥优势，给人展现我们美好的一面。如我们乐于助人、积极参加集体活动等，这样不仅可以改善自己在他人眼中的形象，也可以改变对自我的认知。

3 提升自己

当我们比较优秀，有了实力和成绩时，相信周围的人不会瞧不起我们。所以，我们应当不断学习，不断进步，提升自己，让自己和他人更认可自己。

被人欺负了不敢反抗，怎么办

今天放学路上，学校里的小霸王跟他的小跟班突然拦住我，要我给他们买冰激凌，并且警告我不要告诉老师和家长，不然要让我好看。我好害怕啊，赶紧掏出零花钱给他们了。这已经不是第一次了。我该怎么办啊？

同学们，当我们受到欺负时，一定不要害怕，不要忍气吞声，以免欺负我们的人变本加厉。我们要有反抗的意识，可以据理力争，必要时可向老师、家长寻求帮助，平时也要好好锻炼，让自己的身体和心理都强大起来。

内心的小想法

为什么被人欺负了不敢反抗？

1 弱小·

我就一个人，而且比较矮小，他们人多，还比我高，我反抗不了。

2 怕被报复

要是反抗失败了，他们会报复我的，我担心那会比现在更惨。

3 忍一忍

被欺负只是暂时的，只要我忍一忍，等过一段时间，他们或许就不会再欺负我了。

4 怕被批评

要是我与他们起了冲突，老师或爸爸妈妈会批评我的。

5 不知如何做

没有人教过我受了欺负如何反抗，我不知道怎么做才有效。

1 提高反抗意识

　　一味忍让只会让欺负我们的人得寸进尺，所以，我们要有反抗意识，让对方知道我们不怕他们，欺负我们是要承担后果的。

2 让自己看起来不好欺负

　　我们可以积极锻炼身体，让身体变得强壮，也可以多交朋友，团结同学，这样别人不敢随便欺负我们，而且我们面对欺负时也不会胆怯。

3 寻求老师和爸爸妈妈的帮助

　　如果我们自己力量不足，可以先尽量避开欺负我们的人，然后寻求老师或爸爸妈妈的帮助，毕竟他们是大人，经验、方法都比我们丰富。

总是不好意思和熟人打招呼，怎么办？

今天，我在公园里看到了同学梅梅，当时她和她的爸爸妈妈一边走一边说着什么。我装作没看见，赶紧走开了。我总是这样，在路上看到熟人就会躲开，不好意思打招呼，该怎么办呢？

同学们，遇到熟人，没有勇气打招呼，会让我们错过很多与人交流的机会。我们不能永远指望着别人主动来结交我们。练习一些交际技巧、积累社交经验等会帮助我们克服自卑心理，这样遇到熟人就可以大大方方地打招呼啦。

内心的小想法

为什么不好意思和熟人打招呼?

1 害羞

跟别人打招呼多难为情啊，我有点儿害羞，做不到。

2 怕冷漠回应

要是他不想搭理我，或觉得我打搅了他，态度冷淡，怎么办啊?

3 没话题

打完招呼之后该说点什么呢? 要是都没话说，冷场了多尴尬啊。

4 困难

我觉得好难，别人觉得很简单的几句话，我就是说不出口。

5 不自然

我打招呼时总是很不自然，让人笑话，因此总是躲着，不打招呼。

我**知道**该怎么做了
I KNOW

1 掌握常见的打招呼方式

我们可以练习几种很常见而且简单的打招呼方式，如简单问好、谈天气、问对方要去哪里等，然后灵活运用。

2 用肢体动作打招呼

肢体语言也是表达方式的一种。我们可以运用挥手、点头等动作表示问好，最好面带笑容。

3 角色扮演、模拟互动

如果我们始终无法迈开主动打招呼的第一步，那么平时在家里可以模拟一些社交场景进行角色扮演，帮助自己提高打招呼的熟练程度。

4 先从关系近的人开始

我们可以试着从关系较近的人开始，练习打招呼，随着经验的积累，对于打招呼我们肯定会越来越熟练自如，从而敢于打招呼。

面对无理要求不敢拒绝，怎么办

明天就要数学考试了，大家都在认真地做准备，但是有同学找到我，让我帮他作弊。我知道作弊是不对的，想拒绝他，但是我又不敢拒绝，怕他不高兴。我现在好苦恼，该怎么办呢？

同学们，面对无理要求时不敢拒绝，是很多同学都会遇到的烦恼，这是一种心理障碍。我们要学会拒绝，千万不能因为害怕得罪对方，或是怕对方不高兴，而不敢拒绝，要敢于对无理要求说"不"。

内心的小想法

1 不自信

拒绝他会不会让他觉得我没有礼貌、不够意思，对我失望？

2 不理我

我和他是很好的朋友，如果这次不帮忙，我担心他以后不理我，我们就做不成朋友了。

3 害怕被报复

我拒绝了他，他以后会不会找机会报复我？那样太可怕了。

4 习惯委屈自己

还是委屈一下自己吧，也没什么大不了的。

5 懦弱

我性格比较内向、懦弱，从来不会拒绝别人。

为什么面对无理要求不敢拒绝？

我知道该怎么做了
I KNOW

1 寻求老师的帮助

面对过分的要求，如果我们自己不能解决，可以找老师帮忙。

2 给自己下心理指令

给自己下达"我该拒绝他""解释后他会理解的"的心理指令，来驱使自己行动，对此事做出回应。

3 试着用商量的语气拒绝

对于想作弊的同学，可以跟他说"我知道你想取得好成绩，很理解你的心情"，然后再提出拒绝，对方可能就不会那么难以接受了。

4 委婉拒绝

如果我们不好意思当面拒绝，可以用"我再考虑考虑"来委婉拒绝，不让双方过于尴尬。

第三章

消极情绪

心灵天空的阴霾

计划好久的事泡汤了，好沮丧，怎么办？

假期第一天，"XX 地区由于受台风影响，出现洪涝灾害，未来十天内强降雨频繁……"新闻里的播报，我一点儿都听不进去……爸爸妈妈早就说假期要带我去 XX 旅游，我准备了好久，现在放假却去不了了，好沮丧啊，怎么办？

同学们，生活中总会出现一些意外情况，打乱我们原定的计划。但事情已经发生了，光沮丧有什么用呢？何不想想有没有补救措施？就算计划彻底泡汤了，我们坦然面对就是。开心起来吧，还有许多其他有意义的事等着我们呢。

内心的小想法

为什么计划的事泡汤让人沮丧？

1 失望

好失望啊，计划了这么久，却没机会去实现，再也不想对任何事抱有希望了。

2 不符合预想

我原本预想了很多美好的事情，实际结果却是这样，跟预想的完全不同。

3 很重视

从一开始我就非常重视这件事，方方面面都去了解了，脑子里就没想过计划会泡汤。

4 不理解

为什么就不能按原计划来呢？为什么有意外情况呢？太不合理了。我不理解。

5 有空闲时间

现在突然有了空闲时间，我都不知道干什么好了，心里空空的。

我知道该怎么做了
I KNOW

1 努力补救

　　计划泡汤后，我们可以向大人求助，看看有没有什么补救措施能使计划进行下去。实在补救不了，想一想有没有别的安排，比如，尽管去不了公园，但可以去吃美食。

2 学会接受

　　既然已经确定计划泡汤了，那就调整心态，坦然面对，学着去接受它，意外总是不可避免的嘛。

3 转移注意力

　　我们可以通过转移注意力的方式，从沮丧中走出来，比如，看一些幽默故事、笑话，也可以看喜欢的动画片、做手工、画画等。

总是爱抱怨，怎么办？

今天起床晚了，吃早饭时，我抱怨老师昨天布置的作业太多了，弄得我很晚才睡，又埋怨爸爸不早点叫我起床。妈妈说我就是爱抱怨，明明我昨天玩到很晚才开始写作业，爱抱怨可不是好孩子。唉，怎样才能不抱怨呢？

同学们，爱抱怨可不是积极的表现。抱怨除了让别人和我们自己徒增烦恼之外，毫无益处。因此，当我们遇到烦心事时，要学着乐观看待，积极思考，这样才能找到解决问题的途径哟。

内心的小想法

1 没有责任感

肯定不是我的错，都是别人的问题，或者是客观原因导致的，总之跟我没关系。

为什么
爱抱怨？

2 态度消极

我心中有好多不开心的事，周围的人和事总是容易让我产生不满，我只好用抱怨来发泄。

3 不良影响

爸爸妈妈总是在我面前怨天尤人，抱怨工作太累等，我受他们的言行影响，也养成了遇到事情就抱怨的习惯。

4 不会表达

我有时候只是想获得关心和理解，却总是用抱怨的方式表达出来。

1 **接受不完美**

生活中总会有不如意的事，没有谁的生活是十全十美的。所以，我们要学会接受不完美，遇到不如意的事也不要抱怨。

2 **不苛求**

无论对人对己，在看到缺点的同时也要看到优点，并且允许犯错，宽容体谅，这样我们的内心会平和舒服很多。

3 **与不抱怨的人交往**

如果身边的朋友总是开开心心的、不抱怨，我们也会被感染，每天也会开开心心的、不抱怨。

4 **分析原因，努力改进**

当我们遇到问题或犯了错误时，要先让自己冷静下来，然后分析原因，勇于改进，争取下次做好，不推卸责任。

被嘲笑了，好难受，怎么办？

今天课间，我趴在桌上不小心睡着了，上课铃响了也没听见，直到老师喊上课了才醒过来。下课后，班里的轩轩嘲笑我是"瞌睡大王"，其他同学听见也笑了。我好难受，老想着被嘲笑这件事，怎么办？

同学们，被嘲笑了并不代表我们做错了什么，也不代表我们没有闪光点，更不代表所有人都瞧不起我们。相信自己、发现自己的独特之处、做点开心的事等，都可以帮助我们缓解受到嘲笑后产生的负面情绪。

内心的小想法

为什么有的同学要嘲笑我？

1 获得优越感

他们内心充满妒忌或自卑感，只是想通过嘲笑我来获得优越感罢了。

2 取乐

他们嘲笑我，就是为了惹我生气，让我尴尬，他们看着开心。

3 排斥心理

我跟他们有点不同，他们对我有排斥心理，于是找机会嘲笑我。

4 求关注

他们社交能力弱，想通过嘲笑别人来获得别人的关注。

我**知道**该怎么做了

I KNOW

1 忽略它，相信自己

有些嘲笑可能单纯就只是逗乐而已，没有多大恶意，我们完全可以不放在心上。相信自己吧，不去在意。

2 做点让自己开心的事

我们可以吃根雪糕、踢一会毽子等，转移注意力，赶走因为被嘲笑而产生的消极情绪，恢复愉快的心情。

3 对嘲笑说"不"

我们因被嘲笑而难受时，可以回击对方，用"你们这样是不对的，很不礼貌"，及时制止嘲笑给自己带来的伤害。

4 学会自嘲

自嘲不仅可以巧妙地化解嘲笑，还可以让我们以积极乐观的态度面对各种尴尬和困难，赶走烦恼。

好朋友有了新朋友，我不开心，怎么办？

刚刚下课时，我正要去我好朋友菲菲玩，却看见她和婷婷手拉手一起去厕所，有说有笑的。看着她们那么亲密的样子，我心里好失落啊。因为以前我跟菲菲是形影不离的，现在她却有了新朋友，我很难过，怎么办？

同学们，当我们发现自己的好朋友有了新的朋友时，感到十分失落，这是很正常的心理反应。但要知道，每个人都有和其他人成为朋友的权利。我们应该相信彼此之间的友谊，尊重对方的选择。调节好心态，友情才会稳固哟！

内心的小想法

1 感觉被背叛

她不声不响就跟别人成为好朋友了，简直是对我们友谊的背叛。

2 感觉被冷落

她这些天一直跟新朋友玩，不像以前那样跟我玩，我感觉被忽视冷落了。

3 占有欲强

她只能是我的好朋友，我不喜欢她跟别人成为好朋友。

4 不自信

肯定是我做错了什么让她去找其他人做朋友，或者我就是个不受欢迎的人。

5 担心

她交了新朋友，会不会不再跟我当朋友了？我好担心失去这份友谊啊。

为什么好朋友有了新朋友让我不开心？

我**知道**该怎么做了
I KNOW

1 坦然面对友谊的变化

和原来的朋友的关系慢慢变淡，和新朋友的感情加深，这是很正常的，我们需要坦然面对友谊的变化。

2 尊重朋友的自由空间

我们不妨试着转移注意力，做一些自己喜欢的事情，调整心态，以此来减轻自己的占有欲，尊重朋友的自由空间。

3 和朋友认真谈一谈

当我们在友谊里感到不开心了，觉得自己被好朋友忽略了，可以和朋友谈一谈，把我们的感受坦诚地告诉朋友。

4 尝试结交新朋友

我们可以试着多结交几个新朋友，扩大我们的"朋友圈"，相信新朋友会给我们带来许多安慰和快乐的。

总是嫉妒优秀的同学，怎么办？

"小林同学成绩优异，表现突出，团结同学，被评为'三好学生'，大家要向他学习！"王老师宣布道。唉，为什么又是他，一想到他不但学习成绩好，还多才多艺，很受欢迎，我就嫉妒不已。我也知道这样不好，该怎么办呢？

同学们，当身边有了优秀的人，我们应该感到幸运才是啊。我们可以把他当成我们努力的目标，和他成为好朋友，千万不能产生嫉妒的心理。如果有嫉妒心理那就把嫉妒转化为学习的动力，学会欣赏别人，向别人学习，这样我们也会越来越优秀哟。

内心的小想法

1 教育方式不当

爸爸妈妈经常拿他来和我进行比较，慢慢地我认为爸爸妈妈喜欢他而不喜欢我，于是产生了嫉妒心。

为什么会产生嫉妒心理？

2 自尊心过强

他那么优秀，显得我好平凡啊。心理压力好大，感觉自尊心受到了伤害，慢慢地，过强的自尊心就发展成了嫉妒心。

3 攀比心过重

我什么都要和人比一下，只接受自己比别人强，害怕别人比自己优秀。

4 区别对待

大人们总是对优秀的人很好，与对其他人不一样。

我**知道**该怎么做了
I KNOW

1 理性看待

世上总会有人比自己强，我们应理智看待他人的优势。而且我们也有很多优点，我们应做自己喜欢做的事，不要被嫉妒情绪牵着走。

2 学会欣赏他人

我们应该学会去欣赏比我们优秀的人，为他们喝彩。在欣赏他人的过程中，我们就能完善自我，矫正嫉妒心理。

3 把他当成学习目标

我们可以把优秀的人当成学习目标，不断努力追赶，争取早日变得和他一样优秀。

4 化嫉妒为动力

我们可以把嫉妒化为动力，树立远大志向，多与优秀的人交流，向他们请教，弥补自身不足。这样，我们会越来越优秀，不再嫉妒他人。

被老师批评了，不想上学了，怎么办？

今天上语文课时，我发现书包里没有语文课本，正当我左找右找的时候，语文老师叫住了我。她批评我怎么这么粗心大意，不重视学习，连课本都能忘了带。我觉得好丢人啊，真想找个地缝钻进去，甚至都不想上学了，怎么办？

同学们，我们作为学生，都会有偶尔犯错被老师批评的时候，被批评了觉得丢人、难过，是很正常的。但不要不想上学，我们要清楚，老师批评我们是为了教育我们。如果我们情感上难以释怀，那么宣泄出来、寻求帮助、变为动力，都是好办法。

内心的小想法

被老师批评了，为什么不想去上学？

1 自尊心·强

老师太小题大做了，为这么点小事就批评我，太伤自尊了。

2 形象被破坏

我一直都是好学生，被老师批评了，感觉"好学生"形象被破坏了，在同学们面前抬不起头来。

3 在意其他人

被批评了，其他同学肯定会在背后议论我、笑话我的。

4 感觉被否定

老师的批评让我感觉自己好没用，什么都做不好。

5 "玻璃心·"

爸爸妈妈总是包容我所有的错误，我从来没听过批评的话。因此我有点"玻璃心"，接受不了老师批评我这件事。

我知道该怎么做了

I KNOW

1 正确看待批评

老师批评我们是希望我们改正错误，被批评了不代表被全盘否定。我们可以把批评当作善意的提醒，不必觉得丢人。

2 勇于承认，知错就改

我们要勇于承认错误并且改正过来，这样才能有进步。当我们一心想着改错，感觉丢人的情绪、不想上学的想法自然会慢慢消散啦。

3 努力学习

我们可以将心里的不舒服化成动力，努力学习，发愤图强，努力提高学习成绩，让老师和同学对我们刮目相看。

4 适当宣泄，寻求帮助

如果我们的情绪难以排解，可以适当地发泄一下，比如躲在没人的地方哭一会儿，或向爸爸妈妈寻求帮助。

父母总唠叨我，好烦恼，怎么办？

一大早，爸爸妈妈就开始唠叨了，"书包收拾好了没有？别落下东西。""快把这个鸡蛋吃了，对身体好。""到学校不要跟同学打架，专心学习。""放学后别瞎溜达，赶快回家。"唉，每天都要听他们唠叨，好烦恼啊，怎么办？

同学们，很多人都觉得爸爸妈妈的唠叨很烦人，但我们也要思考一下，这些唠叨里都有什么。其实，家人的唠叨是浓浓的关爱、殷切的期盼。我们应理解他们，跟他们沟通，改进自己的不足，不辜负家人对我们的期望。

内心的小想法

1 被否定

在他们的唠叨里，我感觉自己被否定了，什么都做不好，需要他们时刻提醒才能不犯错。

为什么觉得父母的唠叨很烦?

2 重复太多

他们唠叨得太多了，内容就是老调重弹一个样，我都能背下来了。

3 有主见

我有自己的想法，他们的唠叨对我而言没有帮助，毫无意义。

4 不理解

时代变了，不明白为什么他们还用那老一套的经验来嘱咐我。

5 想清静

我想自己一个人待着，耳边清静一会儿。总被唠叨，脑子"嗡嗡嗡"的。

我**知道**该怎么做了

I KNOW

1 理解父母

我们要明白爸爸妈妈对我们的唠叨是关爱我们，想让我们变得更好，这样我们就不会因唠叨而心生很多烦恼。

2 与父母沟通

我们可以跟爸爸妈妈沟通，表达自己的看法，或许爸爸妈妈会换个好的方式来关心我们。

3 完善自己

无论在学习方面还是生活方面，我们都要完善自己，比如按时完成作业、讲卫生，让爸爸妈妈看到，知道不需要对我们嘱咐太多。

4 安慰自己

我们可以告诉自己，生活中有许多开心的事情，不必烦恼；也可以听音乐、到户外运动，忘掉烦恼。

第四章

社交恐惧

人际交往的壁垒

到了新环境，不会做自我介绍，怎么办？

爸爸妈妈因为工作调动给我转学了，星期一我跟着妈妈来到老师的办公室报到，老师让我在上课前做一下自我介绍。我好紧张啊，感觉大脑一片空白，我应该怎样做自我介绍呢？

同学们，自我介绍是让大家认识自己的第一步。勇敢一些，相信自己能行。初次可以先简单介绍自己的名字、爱好、特长等，介绍时尽量做到面带微笑，语速不急不缓，这会有助于提升自我介绍的效果哟！

内心的小想法

为什么害怕做自我介绍?

1 情绪紧张

一个人站在讲台上，被那么多人盯着看，而且大家都在听我说话，会让我感到很紧张。

2 害怕出丑

初次见面，我怕自己不小心说错话让大家笑话。

3 担心·不被接纳

要融入新的集体，我害怕大家会不喜欢我，不接纳我。

4 口才差

我的口才不好，害怕到时候说话没有逻辑，表达不清楚，大家没兴趣听。

5 准备不足

我没有做好准备，万一自我介绍得不好怎么办?

我**知道**该怎么做了

I KNOW

1 鼓起勇气

　　我们要有向他人介绍自己的勇气，相信自己可以的。相信同学们看到我们这么勇敢地站上讲台去介绍自己，也会对我们刮目相看的。

2 内容简洁明了

　　虽然自我介绍不仅仅是介绍我们的名字，但也不是长篇大论。在介绍自己时，我们要简单且直观地说出自己的基本信息，并要安排好前后顺序，比如"我是谁""我的爱好是什么""我有什么特长"……这样有助于大家快速地了解我们。

3 声音清晰洪亮

　　在向别人做自我介绍时，我们要态度真诚，声音清晰洪亮，一定要让别人听见才可以哟！

不敢主动交朋友，怎么办？

下课了，其他同学纷纷去找自己的好朋友，有的聊天，有的一起去厕所，有的做着小游戏，等等。我一个人坐在座位上，没有朋友，只好假装看书，然而心里可羡慕他们了。我很想主动去跟他们交朋友，但又不敢，怎么办？

同学们，人人都需要朋友来共同体验成长的快乐。我们不能只是等待，要敢于主动出击。所以，放下心里的包袱吧，用真诚去打动他人，关心他人，帮助他人，一起做做共同感兴趣的事。说不定别人也正想和我们成为朋友呢！

值日

板报阅读

内心的小想法

1 怕被拒绝

我不知道对方愿不愿意跟我交朋友，要是被拒绝了怎么办？

2 不知如何做

我害怕和别人说话，不知道该如何做才能让他成为我的好朋友。

3 怕困难

我觉得交朋友好难啊，就算主动了也未必成功，还是算了吧。

4 怕有矛盾

我是全家人的中心，从没跟其他小伙伴磨合过，成了朋友后要是有矛盾怎么办？

5 习惯于被安排

爸爸妈妈很强势，一直替我做决定，安排各种事情。我习惯了被安排，不敢主动。

为什么不敢主动交朋友？

我知道该怎么做了
I KNOW

1 敞开心扉，真诚待人

"真诚永远是必杀技"，我们要敞开心扉，用心去了解他人，用真诚去换取真情，让人觉得与我们交朋友挺好的。

2 寻找共同的兴趣爱好

我们可以先观察，找到他人与自己共同的兴趣爱好，然后找机会聊聊天，一起去做都感兴趣的事情。

3 多为别人着想

交朋友时，我们要经常站在对方的角度思考问题，多关心别人、理解别人，学会包容、谦让，不以自己为中心。

4 乐于分享、帮助他人

我们要学会与他人分享自己的玩具、好想法等，也要在别人遇到困难时乐于伸出援手。

被不认识的同学搭讪，该怎么回应❓

在学校篮球场上，有陌生同学跟我打招呼，说经常看到我打篮球，他也很喜欢打篮球，以后可不可以一起玩。我有点懵，不知道如何应对。看到其他人能得体地回应陌生同学，我好羡慕啊。以后再遇到类似情况，怎么办才好呢？

同学们，被陌生同学搭讪是我们经常会遇到的一种社交情境。别人来搭讪通常都是想跟我们做朋友。我们应放下害羞、紧张的心理，保持自然的心态，大方并礼貌地回应。当然，我们也要注意对方是否有恶意，如果感觉是坏人应立即远离。

内心的小想法

为什么被搭讪时
不知所措?

1 害羞

被陌生同学搭讪，我会害羞，不知道如何回应。

2 紧张

陌生同学跟我说话，我会变得紧张，脑袋一片空白。

3 没准备

太突然了，我一点心理准备都没有，有点反应不过来，也害怕说错话。

4 没话题

陌生同学跟我搭讪，可是我对他一点都不熟悉，感觉没什么好说的，也不知道聊什么好。

5 不习惯

爸爸妈妈经常说不要跟陌生人说话，所以，我不太习惯跟陌生人打交道。

1 保持礼貌

　　被搭讪后，我们应保持礼貌，让对方感觉到友好和舒适，可以简单地打个招呼，回答一些简单问题。如果我们不想交谈，也应礼貌拒绝。

2 不刻意寻找话题

　　被搭讪的时候，我们不必急于找话题。因为是对方主动找我们说话，所以他应该会有话要说，我们只要顺着他的话题交流就好了。

3 自我暗示，克服紧张

　　我们可以自我暗示，如"我会被搭讪，说明我一定有什么东西吸引他了""嗯，说不定又可以交到一个好朋友呢"，这样，被搭讪时我们就不会那么紧张，而能得体应对了。

不愿意与人合作，怎么办？

世界环境日将近，学校正在举行"我为环保出份力"活动，让学生们放学后去学校附近捡拾垃圾。我非常愿意参加活动，可是老师又让我们分成小组一起活动。我不愿意和其他人一起活动，一个人不是也能做到吗？为什么一定要大家一起做呢？

同学们，"团结就是力量"，群体的力量是很大的，比我们单枪匹马强得多。所以，我们要学会合作，而且在合作中不要太在意个人得失，要互相包容，互相学习，发挥各自的特长，实现双赢，这样就能高效高质量地完成任务啦！

内心的小想法

1 不需要

我觉得任务挺简单的，我自己一个人就能做好，不需要与他人合作。

为什么不想与人合作？

2 听谁的

大家都有自己的主意，该听谁的好呢？我可不想被指挥。

3 怕不公平

我怕活动分工不合理或者有人偷懒，让我干比较难的部分或者多干很多活。

4 怕起争执

在与人合作的过程中，有了矛盾怎么办？我害怕与人起争执。

5 不善交际

我缺乏与人交往的技巧，不知如何搞好关系，也怕融不进集体或被其他人冷落。

1 接纳他人

每个人都有优点和缺点，我们不要因为别人的缺点而不与人合作，而是应发现长处，包容不足。

2 多沟通

在与人合作的过程中，我们要多多与人交流，关注任务的进展，发现问题及时沟通。

3 互相协商，分工合作

我们可以与其他人商量，选一个人当小队长领导大家。然后大家协商具体安排，分工合作。

4 不计较

参与集体活动时，我们要乐于奉献和分享，不要太计较个人得失；若是能力强，可以多干一些，帮助其他人。

家里要来客人，我有点儿紧张，怎么办？

周三，我和妈妈刚到家，爸爸就说这个周六，他大学时代的一个好朋友要带着家人到我们这个城市旅游，并且周末要到我们家来做客。我一听心里有点懵，虽然爸爸说那个叔叔一家人都很好，可我还是有点紧张，怎么办？

同学们，家里要来客人了，我们可以提前做一些准备，如了解客人的情况、打扫房间等。客人来时，拿出主人应该具备的待客之道，热情友好，让客人宾至如归。不过我们也不必太过客套、拘泥于繁文缛节，保持礼貌就好。

内心的小想法

为什么要来客人
我会紧张？

1 内向

我比较内向，人一多尤其还不是特别熟悉亲密的人，我就会尴尬、不自在。

2 不喜欢

我不喜欢家里来客人，觉得闹哄哄的会打扰到我。

3 怕被问问题

我怕客人问我问题，尤其是问成绩，我不知道如何回答。

4 不会招待

客人来了我该怎么招待呢？要是让人觉得不礼貌怎么办？

5 担心·玩具

有些小客人太讨厌了，一不留神，我的玩具就要遭殃了。

我知道该怎么做了
I KNOW

1 提前了解客人的信息

我们可以先向爸爸妈妈了解是哪些客人要来，与自己家里是什么关系，我们该如何称呼等，在心理上做好准备。

2 与爸爸妈妈一起做好准备工作

在客人来之前，我们若是有空，可以帮爸爸妈妈做一些准备工作，如打扫房间、准备果盘和水杯、预备拖鞋等。若是有小朋友要来，我们可以提前收拾好自己的玩具、学习用品等。

3 跟爸爸妈妈一起接待客人

客人来了，我们应先打招呼问好，然后请客人落座，倒水端水果，认真回答他们的问题，耐心地陪伴他们，不要对他们不理不睬、只顾自己看电视等。

第五章

无法独立

自主能力的紧箍咒

不愿意自己做决定，怎么办

明天就是周六了，很多同学都相互约着一起玩。小飞邀请我一起去打篮球，小峰邀请我一起去踢足球，小芳邀请我一起去图书馆看书，而我自己想去姥姥家玩。我真的不知道该怎么选，好烦啊，我一点儿也不想做决定！

同学们，我们不愿意自己做决定，可能是因为害怕做了错误的决定，或者是得罪某些人，所以干脆主动放弃。拥有选择权，是我们开始独立的一个重要标志，只有习惯自己做决定，才能让自己真正地自信、独立。

内心的小想法

1 不会独立思考

我觉得自己没有独立思考的能力，遇到问题还是先问问别人吧。

为什么不愿意自己做决定？

2 觉得别人更聪明

我觉得别人都比自己聪明，让别人给我出主意，能少走很多弯路。

3 害怕决定错误

我如果做出了错误决定怎么办？他们都是我的好朋友，我不想让他们不开心。

4 习惯依赖别人

我习惯了在家里让妈妈做决定，在学校让老师做决定，自己没有主见。

我**知道**该怎么做了
I KNOW

1 从身边的小事开始，自己做决定

和爸爸妈妈商量一下，很多小事情尽量都让我们自己来做决定，他们只作为旁观者，给我们一些引导就好。

2 不要怕出错

智者千虑，必有一失。不可能每个决定都是正确的，所以不要怕出错，只要是当前最合理的决定就可以。

3 问问自己想要什么

只有自己才知道自己究竟想要什么！当我们缺乏信心，不愿意自己做决定的时候，只要问问自己究竟想要什么就好了。

不能管理好自己，怎么办

从上小学开始，爸爸妈妈就对我说，放学回到家要写完作业才能玩儿。可是我每次写作业的时候，总是不能集中注意力，经常想着之前玩过的电脑游戏、看过的动画片，想着想着就完全不想写作业，只想赶快去打游戏。我该怎么办呢？

同学们，我们每个人身上或多或少都有一些不好的习惯，比如贪玩不想写作业，这很正常。但我们要学会管理自己，克制自己不正确的想法，摆正自己的心态，并且相信自己一定能管理好自己，改掉坏习惯，约束自己的行为！

内心的小想法

为什么不能管理好自己？

1 无所谓

我还小，做错事很正常，没关系的。

2 没有深刻认识

一点坏习惯而已，能带给我什么不良影响，不改又能怎么样呢？

3 讨厌按计划做事

我觉得按计划做事是一件很烦恼的事情，我比较喜欢随心所欲。

4 懒惰

对于没有完成的事情，我总想着到时候再说吧。

5 家庭环境

爸爸妈妈特别放纵我，总是由着我的性子来，所以我的自控能力差。

1 提高自觉性

凡事应多问问自己"应不应该""合不合适""可不可以"……这样有利于我们形成管理自己的自觉性。

2 做之前先想

有时候我们做事会显得冲动鲁莽，不懂得约束自己。所以在行动前我们应先思考，想想这样做带来的后果，这是管理好自己的重要一步。

3 自我督促

我们习惯于在老师、父母的督促下完成一件事情，这种督促属于别人的帮助。要想管理好自己，一定要学会自主，先从自我督促做起，比如自己定闹钟、自己检查作业，慢慢养成良好的习惯。

不能独自面对困难，怎么办

老师推荐我参加明天的讲故事大赛，给全班同学讲故事。放学后，我回到家中对着镜子练习了很久，一想到明天没有人帮助，我要一个人面对同学们讲故事就紧张。故事讲得磕磕巴巴的，一点儿也不流畅，我好想退出啊！我该怎么办呢？

同学们，不愿意独自面对困难，没有人帮助就想退缩，是每个人在成长过程中都会遇到的问题。如果这变成一种习惯，就会影响我们处理各种事情的自信心，使我们不敢独自面对挑战。所以即使没人帮助也不要害怕，不去尝试，你怎么知道自己不会成功呢？

内心的小想法

1 怕浪费时间

这件事这么难，如果最后完成不了，岂不是浪费时间？

2 害怕承担责任

万一我把这件事办砸了，就要承担相应的责任，我不想承担这个责任。

3 怕丢人

事情没有办好太丢人了，还不如自己先退缩。

4 嫌麻烦

我觉得这件事太麻烦了，我应付不了，还是让别人去做吧。

5 心里没底

没有人在旁边帮我，我心里很慌，不敢去做。

为什么不能独自面对困难？

我知道该怎么做了
I KNOW

1 分析事情的难点

我们可以想想，这件事的难点在哪里，可不可以把它分解开来，逐个解决。也可以给自己一些心理暗示，告诉自己一定行。

2 寻求鼓励

讲故事的时候容易紧张，不妨大方地告诉同学们自己遇到的困难，相信同学们都会给予善意的鼓励。

3 降低期望值

如果感觉做一件事情失败率很高，那么就抱着不在意结果的心态去尝试，不要给自己太大压力，也许最后就成功了呢。

4 增强责任感

面对可能发生的困难，还没尝试就放弃，有时候是因为我们缺乏责任感。我们可以从班级日常小事做起，比如帮老师擦黑板，增强责任感。

特别依赖父母，怎么办

我从小就不爱出门玩，很少和外界接触，特别依赖爸爸妈妈，每天吃饭、睡觉都让妈妈陪着，玩游戏、写作业由爸爸陪着。我觉得我的世界只有我们三个人。虽然爸爸妈妈很爱我，可我有时候仍然感到很孤单，我该怎么办呢？

同学们，对父母过度依赖是一种不自信的表现，因为不相信自己的社交能力，所以才会缩在自己的安乐窝中，不愿走出来。这样做对我们的成长是不利的，虽然我们还是孩子，但是早晚要独立，不能永远依赖父母。

内心的小想法

1 喜欢和爸爸妈妈相处

我和别人相处很累，和爸爸妈妈相处比较自在。

为什么特别依赖父母？

2 不想关注其他人

除了爸爸妈妈之外，我不想关注其他人，不愿与他们交往。

3 担心得不到其他人认可

我总是担心其他小朋友不喜欢我，不敢和他们接触。

4 很多事情不会做

大事小事都好麻烦，我应付不来，有爸爸妈妈在，我就不用担心了。

5 溺爱

爸爸妈妈一直很溺爱我，包揽了我的所有事情，久而久之，我的独立性变得很差，很依赖他们。

我**知道**该怎么做了
I KNOW

1 学会独自做事、玩耍

爸爸妈妈都有自己的事情要做，不可能时时刻刻都陪着我们。所以我们要学会独自做事、玩耍，时间久了，我们自然就学会了独立，不再依赖父母。

2 邀请小朋友到家里玩

家是我们心灵的港湾，也是最能给我们安全感的地方，邀请小朋友到家中玩耍，我们的心情将会非常放松，交际起来也会更加融洽，有助于我们摆脱对父母的依赖。

3 多参加集体活动

在各种集体活动中，我们和同学们默契配合，愉快交流，很容易拉近彼此的距离，日后很可能成为好朋友，我们就不再会感到孤单。

我总是盲目跟从朋友，怎么办？

今天，我打算我小辉一起打篮球，但小辉想打羽毛球，我就和他打羽毛球了。还有一次小辉说想报编程班，其实我对编程没兴趣，但也和他一起报了名，小辉对我说要有自己的想法。我好像总是在盲目跟从朋友，我该怎么办呢？

同学们，无论什么时候，做自己才是最重要的。要敢于表达自己的想法，并且养成习惯，不要被别人牵着鼻子走，否则自己会越来越不自信。一个自信、独立、有主见的你，会更受朋友们的欢迎。

90

内心的小想法

1 盲目相信朋友

我觉得朋友很厉害，他的决定一定没有问题，我只要跟从他的决定就好了。

2 不敢承担责任

万一自己做出错误决定，就要承担责任，还是听朋友的算了。

为什么总是盲目跟从朋友？

3 没有主见

我觉得什么都行，怎样都可以，跟从别人的意见也没什么关系。

4 懒得动脑

我总是不想思考，懒得做决定，朋友说什么就是什么。

5 不了解自己

我对自己是什么样的人，内心真正想要什么，没有清醒的认知，所以喜欢盲从。

我知道该怎么做了
I KNOW

1 相信自己

我们要仔细想一想自己想要的究竟是什么，如果和朋友想法不一致，也不必委屈自己去跟随，自信一点，按照自己的想法去做。

2 养成习惯

我们可以从小事开始，养成自己做决定的好习惯，慢慢培养自信自立的能力，不依赖别人，能自己做决定。

3 不要担心失去朋友

我们要知道，和好朋友的想法不一致是很正常的，朋友之间有许多共同点，但也需要相互理解和包容。不要因担心失去朋友而盲从。

第六章

学习焦虑

学业进步的枷锁

学习效率低，怎么办？

"敏敏，我们去踢毽子吧！"同学珊珊来约我。"不去了，我作业还没做完呢！"我说。"你怎么还没做完呢，没多少作业呀？我早写完了！"珊珊不解地问。唉，我总是要花很长时间才能做完作业，效率特别低，怎么办？

同学们，学习效率低会占用太多时间，以致我们没有时间去运动、娱乐等，这不仅让我们感觉特别累，还没有成效。良好的学习环境、充足的睡眠、高效的学习方法、切实可行的学习计划等，都可以帮助我们提高效率，从而做到学习、生活两不误。

内心的小想法

为什么学习效率低?

1 方法不对

我既不会预习也不会复习,也不爱思考问题,因此学得比较慢。

2 时间安排不对

我没有第一时间去学习,更没有制定合理的时间规划,所以学习效率低。

3 三心二意

我喜欢同时做好几件事,如一边看书一边吃水果,一边看电视一边做作业。

4 睡眠不足

我睡的时间太少了,经常在学习的时候犯困,精力不济。

5 环境不好

我的学习环境不好,光线不足,比较吵闹,以致我经常被打扰。

我知道该怎么做了
I KNOW

1 改进学习方法

我们可以向学习好的同学询问，借鉴他们的学习方法。也可以向大人求助，让他们帮助我们改进。

2 制订计划

我们可以事先把每天的学习、休息、娱乐时间安排好，规定要做哪些事，每件事要用多长时间、从什么时候开始。

3 营造良好的学习环境

比如，我们做作业时，要选择一个安静的场所，身边不要有游戏机、零食之类的诱惑。

4 保持充足睡眠

我们应给自己留下充足的睡眠时间，到了时间就上床睡觉，并且睡觉前不要做让自己太兴奋的事。

上课老爱走神，怎么办？

上课啦，一开始我还很认真地听讲，可是不知什么时候，我就开始走神了，一会儿看看窗外的风景，一会儿想晚餐吃什么，直到老师叫我回答问题，我才发现已经错过很多内容了。唉，我该怎么克服上课走神的毛病呢？

同学们，课堂是我们与老师交流的场所，是我们学习知识与技能的阵地，上好每一堂课对我们的身心发展至关重要。因此，我们应该端正学习态度，提高专注力，这样才能充分利用课堂时间，让每堂课都有收获。

内心的小想法

1 没兴趣

由于课程难、讲课方式很单调，我感觉好枯燥啊，没兴趣听，还不如自己找点乐子。

2 态度不对

我这么聪明，课程这么简单，就算一心二用，我也能学得很好。

3 情绪影响

我的情绪容易波动，兴奋、低落、紧张等心情总是伴随着我，让我难以集中注意力。

4 自控力差

我的自控力比较差，注意力容易被窗外的景色、教室外面走过的人等吸引。

5 疲劳

我总是感觉很累，精神涣散，不能集中注意力听课。

为什么上课爱走神?

1 学会预习、坚持

预习可以大大降低听课的难度，有利于调动我们学习的积极性，所以我们课前应预习。听不懂时，也要坚持听，课后问老师。

2 积极回答问题

积极回答老师的问题，大脑会高效思考，有提神的效果，而且会不自觉迫使自己参与到课堂中，降低走神的概率。

3 训练自己的专注力

我们可以通过做一些非常需要专注力和耐心的事来训练自己的专注力，比如试着一次性拼完一张拼图、培养画画的兴趣爱好等。

4 注意休息

我们要养成良好的学习习惯和生活习惯，做到充分休息、劳逸结合，这样，上课时就不容易走神了。

不会记课堂笔记，怎么办？

今年，我上三年级了，老师要求我们要随堂记笔记。我不会记笔记，每次上课都是手忙脚乱的。学没有学到，记也没有记好，笔记本上要么是密密麻麻一片，要么是乱糟糟一团，课后复习的时候根本看不出头绪。我该怎么办啊？

同学们，"好记性不如烂笔头"，记好课堂笔记是很重要的。做课堂笔记时，我们要掌握时机，筛选重点、难点，课后进行整理。这样，它就可以帮助我们加深印象、方便我们复习等，我们的学习效率也会因此提高啦。

内心的小想法

1 不知记什么

我课前没有预习，对课程很陌生，分不清哪个是重点、难点，不知道该记些什么。

为什么不会做课堂笔记?

2 听课吃力

我听课已经很吃力了，根本就没有多少精力用来记笔记。

3 概括能力差

我不会概括，老师讲的需要记的内容我不知道怎样概括地记录下来。

4 写字慢

我写字速度太慢了，又不会一些速写方法，笔跟不上思路。

5 完美主义

我总是想把笔记做得工工整整、很美观，因此总是记得很慢，内容也很少。

我知道该怎么做了
I KNOW

1 清楚记什么

好的课堂笔记不是什么都记，而是记重点、疑难点，以及记概念、公式、法则和老师的解题技巧、思路和方法等。

2 把握记笔记的时机

记笔记不能影响听课和思考。我们可以在老师写板书时记笔记，老师讲述重点时则必须挤出时间速记和简记。

3 对课堂笔记进行整理

我们课后应对课堂笔记进行整理，将课上来不及写的内容补全。不清楚的地方，可以询问一下老师。

4 色笔分开，预留空白

给每一门课准备一个笔记本，准备几种颜色不同的笔，以便通过颜色区分重点、难点、疑点，还要给课后整理留出空白。

基础知识学得不扎实，怎么办？

周末了，我跟好朋友庆庆一起写作业。庆庆写得又快又好，我不但半天没能完成一页，一对答案还错了不少，有些是很低级的错误，有的题还根本没思路。庆庆说我可能是基础没打牢固。我也想打好基础，该如何做呢？

同学们，基础知识是我们学习的基础。我们如果基础知识不牢固，也不必太着急，认真补救是可以改变这个情况的。我们应有耐心，找出薄弱点，勤加练习，并且坚持下去，相信不久就会改变这种情况，把基础知识掌握扎实。

内心的小想法

1 学习态度差

我的学习态度不端正,总是心态浮躁、缺乏耐心、应付差事等,没有深刻地记住知识。

为什么基础知识学得不扎实?

2 轻视

我总是很重视解题思路和方法,觉得基础知识不重要,因此没有好好下功夫去打牢基础。

3 方法不对

我只会死记硬背,不注重融会贯通,而且学了之后也不注意巩固复习,因此基础知识掌握得不牢固。

4 客观因素

有一段时间我生病了,耽误了很多课程,因此有些基础知识掌握得不是很扎实。

我知道该怎么做了
I KNOW

1 利用好课余时间

我们可以利用课余时间去学习基础知识，有针对性地做题，不断加深对基础知识的理解。

2 经常复习

我们要重视复习，经常回顾重要的知识点，将知识脉络梳理清楚，达到"温故而知新"的效果。

3 掌握例题和典型题

例题往往比较经典，掌握了例题才能掌握其他题型。我们在充分掌握例题后，再去做典型题，分析差异，就能把基础知识吃透。

4 修订"错题本"，反复练习

我们可以将做错的题整理成一个"错题本"，然后时常翻看这些错题，加深对知识点的理解和记忆，直到吃透它们。

学习落后了，怎么办？

今天，老师让我和几个同学到黑板上回答问题。其他同学很快都做完了，而我无从下手，不知道怎么做。唉，我已经是班里的"差生"了，比其他同学落后了许多，学习起来好吃力，考试成绩也总在末尾。我要怎么办呢？

同学们，既然知道学习落后了，就要调整心态，找到适合自己的学习方法，迎难而上。我们要相信通过自己的努力是一定可以改变现状的。要学会给自己制定小目标，增加成就感，培养良好的学习习惯，相信自己会越来越棒的。

内心的小想法

1 基础差

我以前没有打好基础，现在学习起来好吃力，跟不上大家。

为什么会学习落后？

2 学习习惯差

我比较懒散，没有学习目标和计划，不会预习、复习，上课经常开小差，听课没效果。

3 方法不对

我只会死记硬背和重复做题，不能融会贯通，学习效率很低。

4 自主能力差

我对学习没什么兴趣，不会主动学习，用功程度不够。

5 客观原因

我因为意外受伤，休养了很长时间，落下了许多课程。

1 相信自己，端正态度

我们不要给自己贴上"差生"的标签，而应相信自己一定可以学得好，并且认识到学习的重要性，真正用功去学习。

2 积极寻求改进方法

我们可以向老师求助，让老师帮我们分析不足，并提出改进意见，也可以向成绩好的同学请教如何学习。

3 制订学习计划，养成良好的学习习惯

我们可以制订一个具体、可行的学习计划，例如每天早起背生字、单词，坚持预习、复习，按时完成作业等。

4 将知识融会贯通

学习中，没有一个知识点是独立的，我们应找出知识点之间的联系、变化规律等，学会举一反三。

快要考试了，好紧张，怎么办？

周一，老师说下周我们要期末考试了。于是这些天，我每天都花很多时间复习，可是我越来越紧张，题目做过就忘，要背诵的课文也记不住。现在已经很晚了，我躺在床上看着天花板睡不着，一想到考试就着急。怎么办呢？

同学们，我们一生中会经历很多次考试，每次考试都是一次令人印象深刻的体验。给自己信心、正确看待考试、学会放松心情、不把结果看得太重等，都可以帮助我们减少考试前的紧张情绪，从而不至于影响我们的复习和考试发挥。

内心的小想法

1 准备不足

我的基础知识掌握得不牢固，还有一些知识漏洞，做的题型不够丰富，也没复习好。

为什么考试前会紧张？

2 太重视结果

我要是成绩不理想怎么办啊，大家都那么厉害，我可不能落后。

3 期望高

爸爸妈妈对我有很高的期待，要是没考好，他们会很失望的，也许还会骂我。

4 心理素质差

我本来就容易焦虑不安、害怕，会在心里把很小的事情扩大化，遇到考试更会坐立不安。

我**知道**该怎么做了
I KNOW

1 调整心态，重新看待

考试是对学习效果的检验，但分数不是衡量学习成果的唯一标准。我们要以平常心对待考试和考试结果，不必过分在意考试成绩，发挥出应有的水平就可以了。

2 针对性复习，建立自信

我们可以针对自身的薄弱环节，制定适当的考试目标和切实可行的复习计划，如错题集就是一个很好的工具。当我们复习好了，心里有底，自然就不那么紧张焦虑了。

3 做一些让自己放松的事情

考试前，我们可以做一些让自己放松的事情。比如，听听和缓的音乐；放下包袱，安心入眠；做几次深呼吸；等等。

考试时总发挥失常，怎么办？

今天老师发了成绩单，我又没考好。我好难过、好不甘心，坐在沙发上只想哭。明明我平时学习很用功，作业也完成得很好，自测总能取得高分，为什么考试总是发挥失常呢？怎么办啊？

同学们，"关键时刻掉链子"是很多小朋友都会犯的毛病。其实，我们不是输在能力上，而是输在心理上。我们应增强自信，给自己积极的心理暗示，减轻压力，集中注意力。这样，关键时刻就能发挥出应有的水平啦！

内心的小想法

1 压力大

我太想考高分了，压力很大，脑子不听使唤，老想着没考好怎么办，一些平时能做出来的题也忘了怎么做了。

考试时为什么会发挥失常？

2 没条理

我没注意时间分配和答题顺序，以致难题没做出来，简单的题没时间做。

3 不专注

我心里好紧张，头晕目眩，太容易分心了，很难把注意力集中在考试上，甚至忘了注意答题规范和答完之后的检查。

4 心态不好

考试时，我遇到不会做的题目心态就崩溃了，没法做后面的题。

我**知道**该怎么做了
I KNOW

1 放下心理包袱

考试时，我们不要总想着考砸了会怎么样，其实最多也就是考不好而已，别想太多。应该放松心情，轻装上阵。

2 缓解紧张情绪

考试时，我们可以做几次深呼吸，使身心放松；也可以把顾虑写下来，或者在心里唱首歌，来减少紧张。

3 积极自我暗示

我们可以用一些积极的、肯定的词语来自我暗示，如"我能行"等，来激发我们的积极情绪，增加自信。

4 专注事情本身

考试时若不能专注，我们可以尝试做一些动作，如把视线集中在某一个地方，专心想我们要做的事，这样可以尽快进入状态。